爱上科学

cience

1 辑 03

My Path to Math

我的数学之路

数学思维启蒙全书

第1辑

乘法｜除法

■ ［美］保罗·查林（Paul Challen）等 著

阿尔法派工作室 李婷 译

人民邮电出版社

北 京

目 录
CONTENTS

乘法

除法

烹饪

金和妈妈一起烘焙。他们将为聚会准备点心。金的妈妈用2颗鸡蛋做了1个普通蛋糕。但是要来参加聚会的人很多，所以金和妈妈还要做1个大蛋糕。这个蛋糕需要用到做小蛋糕3倍的鸡蛋。

金开始数鸡蛋。

1，2
3，4
5，6

金的妈妈告诉他用**相乘**的办法要简单一点，她会教金如何相乘。

金在烘焙的时候学
会了相乘。

跳跃计数

金的妈妈告诉他，相乘就是在数字本身的基础上加上这个数字。妈妈问："你会**跳跃计数**吗？"

金点点头。

金的妈妈向他展示：乘法就像跳跃计数一样。妈妈说："每组有2颗鸡蛋。所以我们以2为间隔来跳跃计数。我们有3组。所以我们仅仅需要跳跃计数3次。"

金说："好的，那就是2，4，6。我们有6颗鸡蛋。"

他的妈妈笑了，说道："你刚刚就是把2相加了。"

拓展

跳跃计数几次意味着我们要把同一个数字相加多少遍，它也告诉我们这是在做乘法。

金以2为间隔进行跳跃计数，他数出了6颗鸡蛋。

2　　4　　6

相加和相乘

金看着鸡蛋盒。他很好奇。他问妈妈能否用另一种方式找到答案。

他们看着鸡蛋盒。妈妈向金展示了如何使用加法来解决这个问题。他们把2相加了6次。

$$2+2+2+2+2+2=12$$

之后，金的妈妈把鸡蛋盒转向另一边。他们再次把鸡蛋的数量相加。这次他们把6相加了2次。

$$6+6=12$$

答案是相同的！

拓展

乘法就是把相同的数字一次又一次地相加，这被称作连续加法。

金试着通过连续加法来做乘法。

阵列

一盒鸡蛋看起来就像一个**阵列**。阵列中的每一列是一个组。每组数量相同。我们可以使用阵列来写乘法算式。

▲ 这里有几组？6。每组有几个？2。

金写下了加法算式。

2+2+2+2+2+2=12

金的妈妈写下了乘法算式。她使用了一个被称作**乘号**的符号"×"。

$$2 \times 6 = 12$$

总数

组数

每组中的物体数

拓展

观察这个阵列。它代表了哪个乘法算式？

金的妈妈把鸡蛋盒转了个方向。她创造出一个新的阵列。

金的妈妈让金写下乘法算式。

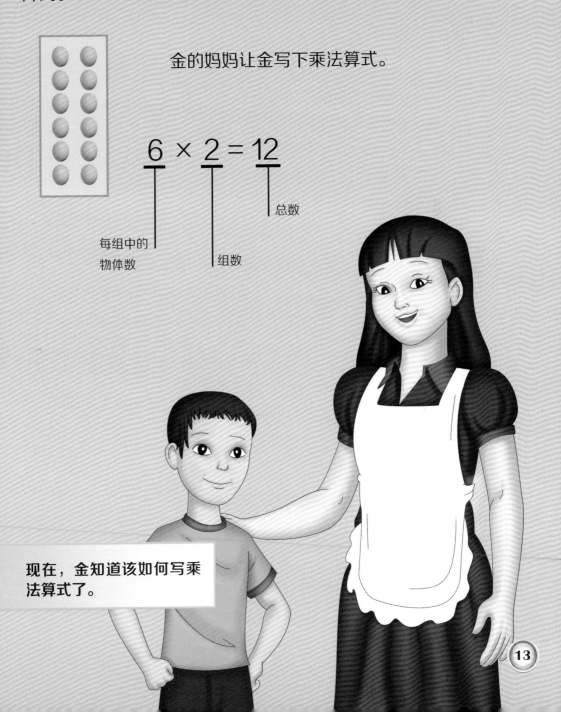

$$6 \times 2 = 12$$

每组中的
物体数

组数

总数

现在，金知道该如何写乘法算式了。

乘5和乘10

妈妈让金做3×5这道题。金现在知道，找到这道题的答案有不同的方法。

他可以以3为间隔进行跳跃计数，3、6、9、12、15。

也可以做加法，3+3+3+3+3=15。

还可以摆出一个像右图这样的阵列，写成3×5=15。

最后，金说："3乘5等于15。"

拓展

一个数字乘10这种题做起来很简单，只需要在这个数字的末尾加个0。

妈妈说他是正确的！她又让他再试试 10×4。

他可以以10为间隔进行跳跃计数，10、20、30、40。

他可以做加法，$10+10+10+10=40$。

所以，$10 \times 4=40$。金说："10乘4等于40。"

金能够通过做乘法来得出他做了多少块饼干。

乘3

金看着下一炉饼干。

他尝试乘3。他写下了4×3这道乘法算式。

他可以以4为间隔进行跳跃计数，4、8、12。

他可以做加法，4+4+4=12。

他可以摆出一个阵列，写成4×3=12。金说："4乘3等于12。"

金的妈妈把盘子转了个方向，然后问："3×4等于几呢？"

金说："3乘4等于12。"然后他写下3×4=12。

金做了3×4块饼干。他做了多少块饼干呢?

乘法术语

接下来，金的妈妈教给他一些做乘法题时要用到的专门术语。

她把用来相乘的数字称作**因数**，把答案称作**积**。

金的妈妈在纸上写下一道乘法算式。她让金标出因数和积。

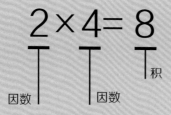

金的妈妈提醒金：乘就意味着要做乘法。

拓展

下一页中的小蛋糕图片可以写成什么样的乘法算式？因数是哪些？积是多少？

金和客人们都觉得小蛋糕这样排列看起来十分美味。

乘法规则

金渴望学到更多关于乘法的知识。妈妈写出了下面3条简单规则，以帮助他解决其他乘法问题。

规则1： 任何数乘1得到的积还是这个数本身。

$1×7=7$ $4×1=4$ $100×1=100$

规则2： 任何数乘0得到的积是0。

$0×8=0$ $9×0=0$ $100×0=100$

规则3： 两个数可以以任意顺序相乘，答案是相同的。

$6×2=12$ $2×6=12$

$3×7=21$ $7×3=21$

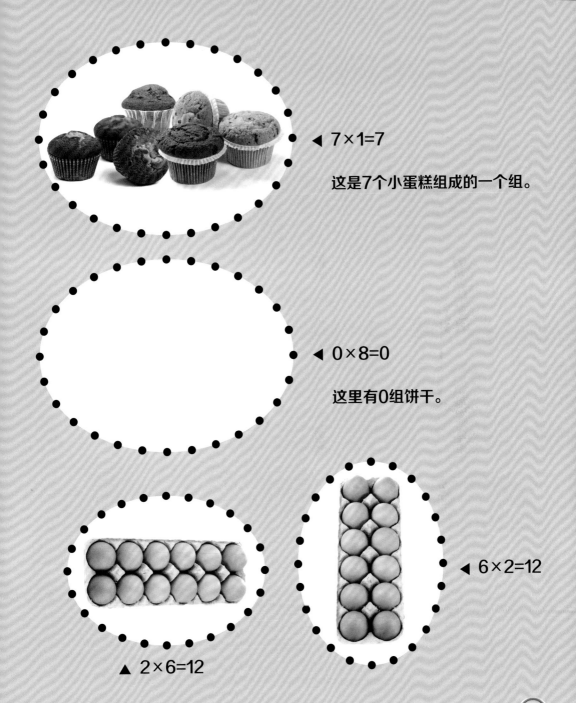

◀ 7×1=7

这是7个小蛋糕组成的一个组。

◀ 0×8=0

这里有0组饼干。

◀ 6×2=12

▲ 2×6=12

一块蛋糕

金觉得乘法已经变得很容易了。所以妈妈给他出了两道题，让他尝试一下。拿出一张纸和一支笔，你也可以做乘法！

2乘7的积是多少？

10乘3等于多少？

金喜欢和妈妈一起烘焙，也喜欢学习乘法。

术 语

阵列（array） 以行和列排列的一组事物。

因数（factor） 在乘法运算中相乘的数目。

乘号（multiplication sign，×） 乘法运算中，表示左右两数相乘的符号。

相乘（multiply） 乘法运算。

积（product） 乘法运算的答案。

跳跃计数（skip count） 以一个比1大的既定数为间隔的一种计数方式。

符号（symbol） 代表其他事物的某种记号。

你可以使用这张乘法表来帮助自己学习乘法。

×	1	2	3	4	5	6	7	8	9	10
1	1	2	3	4	5	6	7	8	9	10
2	2	4	6	8	10	12	14	16	18	20
3	3	6	9	12	15	18	21	24	27	30
4	4	8	12	16	20	24	28	32	36	40
5	5	10	15	20	25	30	35	40	45	50
6	6	12	18	24	30	36	42	48	54	60
7	7	14	21	28	35	42	49	56	63	70
8	8	16	24	32	40	48	56	64	72	80
9	9	18	27	36	45	54	63	72	81	90
10	10	20	30	40	50	60	70	80	90	100

查看第4行和第5列，它们在20交叉。这意味着 $4 \times 5 = 20$。

让我们开开心心地玩

查理和他的爸爸到达了学校。他已经整整等了一周。今天是学校的狂欢节！

查理看着地图，每一个摊位他都想去。地图看起来像一个**阵列**。查理说它看起来像一个乘法问题，他的爸爸说它也像一个**除法**问题。除法意味着将事物分成**等组**。

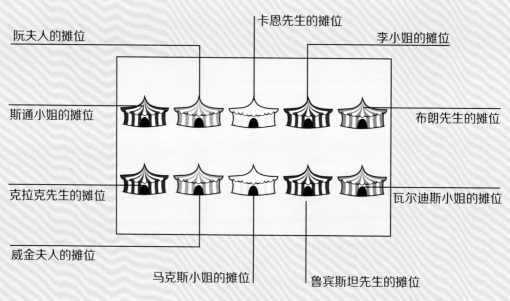

▲ 这幅地图展示了狂欢节上的10个摊位。

查理和他的爸爸参加
学校的狂欢节。

拓 展

术语除法有许多含义。每一层含义描述不同的组合。

等组

查理的爸爸看着地图。他向查理展示了一种把10个摊位分成5个组的方法。

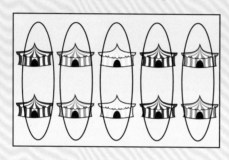

◀ 摊位可分成5个组。

每组有2个摊位。

每组有2个摊位。

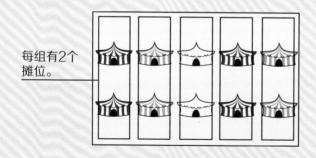

因为每个组有同样数量的摊位，所以查理称它们为等组。查理现在知道10能被分成5个由2组成的等组。

查理和他的爸爸正
在看地图。

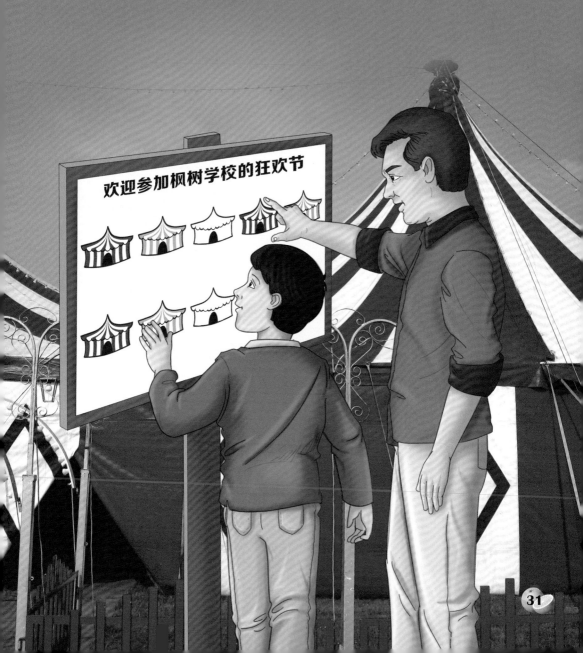

更多阵列

查理的爸爸买好狂欢节的票。他向查理展示：票的组合也形成了一个阵列。查理看着这些票，他笑了，并自豪地说："我知道我们有12张票，因为阵列显示了3个4张票的组合。我知道3乘4等于12。"

爸爸说："对，你知道如何用乘法算式来解决除法问题吗？它们是相反的。"说完，爸爸向查理解释它们为什么是相反的。

$3 \times 4 = 12$

$12 \div 3 = 4$

拓展

除号写作"÷"。

查理的爸爸给查理买门票。

算式组包括与一组数相关的所有乘法和除法算式。这是4、5和20的算式组。

$4 \times 5 = 20$

$5 \times 4 = 20$

$20 \div 5 = 4$

$20 \div 4 = 5$

算式组通常由两个乘法算式和两个除法算式组成。

除以2

查理想尝试做除法。他看向第一个套圈摊位，下图就是他所看到的。

查理看到这个阵列有12个瓶子。瓶子分成2个组。查理数了2个组中的瓶子，每个组里有6个瓶子。所以他写出下面的算式：

$$12÷2=6$$

拓 展

想象在每个组里多放1个瓶子。这个除法算式会变成什么呢？

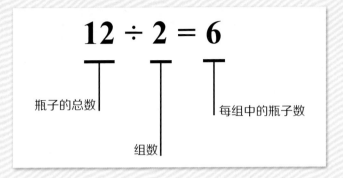

$$12 \div 2 = 6$$

瓶子的总数

组数

每组中的瓶子数

查理走到这个摊位的一边。现在这个阵列看起来变成了下图这样。

◀ 转动阵列方向改变了组数和每组中的瓶子数。

查理看到阵列有6个组，所以他写出下面的算式。

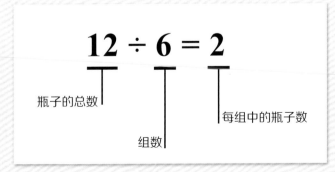

$$12 \div 6 = 2$$

瓶子的总数

组数

每组中的瓶子数

除以5

爸爸告诉查理，他可以运用**连续减法**来解决除法问题，并演示了该如何做。

查理的爸爸给了他20个一组的气球。他让查理运用连续减法将20个气球分成5个一组。查理知道这意味着要每次从20个气球中减去5个气球。

拓展

你可以将末尾为0或5的数除以5。

20-5=15
15-5=10
10-5=5
5-5=0

查理做了多少次减法？4次。所以，
20÷5=4。

爸爸告诉查理，数轴也可以帮助他做连
续减法。

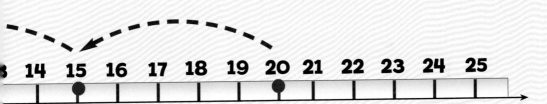

▲ 数轴上的每次跳跃
代表减5。

数轴显示，你可以从20中减去
整整4次5。

除以3

查理花了很短的时间就学会了如何乘3，他需要花很长时间来学会除以3吗？查理现在学会了两种做除法的方法。他将会用两种方法做除法。

狂欢节的下一个摊位的水池里有18只橡胶鸭子。如果每组有3只鸭子，查理可以将鸭子分成几个组？

查理先想象鸭子被整齐地摆放在一个阵列中。

查理通过把18只鸭子分成3个组，解决了这个除法问题：答案是6。他把鸭子分成6个组，每组3只鸭子。

查理尝试用别的方法解决这个除法问题。这次他运用数轴做连续减法。查理从18开始，每次减3，减了6次。查理知道18÷3=6。

▲ 数轴上的每次跳跃代表减3。有6次跳跃。所以，18÷3=6。

除法术语

查理的爸爸说："每种**运算**都有特殊的术语。"除法算式中的3个数字也有各自的术语。

$$14 \div 2 = 7$$

被除数　　　除数　　　商

查理理解了。**被除数**是被分成组的数，**除数**是要分成的组数，**商**是除法问题的答案。

拓展

记住：每个算式组通常包含两个乘法算式和两个除法算式。找出该算式组的第四个算式，进而将这个算式组补充完整。

$5 \times 6 = 30$　　　　$6 \times 5 = 30$　　　　$30 \div 6 = 5$

查理的爸爸写下一个除法算式。他让查理写出这个算式中3个数的准确术语。

$$10 \div 5 = 2$$

被除数　　　除数　　　商

查理学会了除法术语。

除法规则

爸爸告诉查理：如果知道这些规则，除法问题解决起来就会变得容易一些。他给了查理一张列有这些规则的纸。

规则1：任何数除以1还是它本身。

$9÷1=9$　$17÷1=17$　$100÷1=100$

规则2：一个数除以它本身等于1。

$7÷7=1$　$33÷33=1$　$400÷400=1$

规则3：0除以一个不是0的数等于0。

$0÷4=0$　$0÷58=0$　$0÷900=0$

规则4：你不能除以0，除以0没有意义。你不能将事物分成0个组。

◀ 6÷1=6
6只熊被分到1个组意味着1
组中有6只熊。

◀ 3÷3=1
3个玩具被分成3个组意味着每
组中有1个玩具。

◀ 0÷9=0
当你把0个玩具分成9个组
时，每个组有0个玩具！

◀ 不要除以0，你不能创造出0
个组！

43

做除法太容易了

查理喜欢除法。爸爸给他出了两道题，让他来试试。拿出一张纸来，和查理一起来做除法吧！

20÷5等于几？

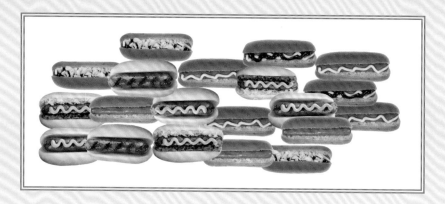

16除以2等于几？

做除法和狂欢节一样有趣！

术语

阵列（array） 以行和列排列的一组事物。

被除数（dividend） 除法运算中，被另一个数所除的数。

除法（division） 数字被分成等组的运算。

除号（division sign，÷） 除法运算中，连接被除数与除数的符号。

除数（divisor） 除法运算中，除号后面的数。

等组（equal group） 每组中有同样数量事物的组群。

算式组（fact family） 彼此相关的算式，如 $3×4=12$、$4×3=12$、$12÷3=4$、$12÷4=3$。

运算（operation） 加法、减法、乘法或除法。

商（quotient） 除法运算的答案。

连续减法（repeated subtraction） 多次减去相同的数字。

你可以使用下面这张除法表来学习除法。

÷	1	2	3	4	5	6	7	8	9	10
1	1	2	3	4	5	6	7	8	9	10
2	2	4	6	8	10	12	14	16	18	20
3	3	6	9	12	15	18	21	24	27	30
4	4	8	12	16	20	24	28	32	36	40
5	5	10	15	20	25	30	35	40	45	50
6	6	12	18	24	30	36	42	48	54	60
7	7	14	21	28	35	42	49	56	63	70
8	8	16	24	32	40	48	56	64	72	80
9	9	18	27	36	45	54	63	72	81	90
10	10	20	30	40	50	60	70	80	90	100

除法表中的数字20是被除数；位于20最上方的数字，它是除数；位于20最左边的数字4，就是商，可以写出一个除法算式 $20÷5=4$。